目　　录

第一章 绪 论

§1—1 机器及其组成

一、填空题

1. 机器就是人为实体（构件）的组合，各部分之间具有确定的________，并能________________，完成有用的____________转换。

2. 机构是用来传递________的构件系统。

3. 机械零件按其应用的范围可分为两大类，即____________________。

4. 零件与构件的区别在于：零件是________，是从加工制造角度确定的概念；而构件是________，是从运动角度确定的概念。

5. 机器的种类繁多，然而，一部完整的机器都可归纳为是由________、______和________三个部分组成。在自动化机器中，还有________部分。

二、单项选择题

1. 构件是机构中________的单元。

A. 联接　　B. 制造

C. 运动

2. 各零部件之间具有确定的相对运动的组合称为________。

A. 机器　　B. 机构

C. 机械　　D. 机床

3. 下列各机械中，属于机构的是________。

A. 纺织机　　B. 拖拉机

C. 千斤顶　　D. 发电机

4. 普通车床中的带传动部分是机器中的________。

A. 动力部分　　B. 工作部分

C. 传动装置　　D. 自动控制部分

5. 在机器中用来传递运动和动力的部分称为________。

A. 工作部分　　B. 传动部分

C. 原动部分　　D. 自动控制部分

6. 机床的主轴是机器的________。

A. 动力部分　　B. 工作部分

C. 传动装置　　D. 自动控制部分

7. 下列机器中属于工作机的是________。

A. 铣床　　B. 电动机

C. 空气压缩机　　D. 内燃机

三、判断题

1. 传动的终端是机器的工作部分。（　）

2. 机构就是具有相对运动的构件的组合。 ( )

3. 构件是加工制造的单元，零件是运动的单元。 ( )

4. 构件是一个具有相对运动的整体，它可以是单一整体，也可以是几个相互之间没有相对运动的物体组合而成的刚性体。 ( )

四、简答题

1. 什么是机器？什么是机构？机器与机构有什么区别？

2. 什么是构件？什么是零件？构件与零件关系如何？试举例说明。

3. 机器通常由哪几部分组成？各部分起什么作用？

§1—2　机构示意图

一、填空题

1. 由两个构件组成的具有一定相对运动的可动联接称为________。一般将运动副分为________和________。

2. 低副是指两构件通过________组成的运动副；高副是指两构件通过________组成的运动副。

二、单项选择题

1. 高副比低副的承载能力________。

A. 小　　B. 大

C. 相等　　D. 以上都不对

2. 若组成运动副的两构件间的相对运动是移动，则称这种运动副为________。

A. 转动副　　B. 移动副

C. 球面副　　D. 螺旋副

3. 能够传递较复杂运动的运动副的接触形式是________。

A. 螺旋副接触　　B. 带与带轮接触

C. 活塞与汽缸壁接触　　D. 凸轮接触

4. 效率较低的运动副的接触形式是________。

A. 齿轮啮合接触　　B. 凸轮接触

C. 螺旋副接触　　D. 滚动轮接触

三、判断题

1. 高副是点或线接触的运动副，承受载荷时单位面积压力

较小。 ( )

2. 铰链联接是转动副的一种具体形式。 ( )

3. 内燃机连杆构件上的螺栓和螺母组成螺旋副。 ( )

4. 车床上的丝杠与螺母组成螺旋副。 ( )

5. 自行车的链轮与链条组成转动副。 ( )

6. 键与滑移齿轮组成移动副。 ( )

7. 轴和滑动轴承组成高副。 ( )

8. 齿轮机构中啮合的齿轮组成高副。 ( )

四、简答题

1. 什么是运动副？运动副如何分类？

2. 运动副中的高副与低副如何区分？各有什么特点？

第二章　公差和表面粗糙度

§2—1　极限与配合概述

一、填空题

1. 互换性是同一规格的一批零件或部件不需作任何________、________或____________，就能进行装配，并能满足机械产品的________的一种特性。

2. 允许尺寸变动的范围叫做________，简称________。

3. 极限尺寸是____________的两个极限值，其中较大的一个称为____________，较小的一个称为____________。

4. 两个偏差中靠近零线的偏差叫做________。

5. 国家标准中规定配合有________、________和________三类。

6. ϕ30H7/m6 表示________为 30 mm，________为 7 级的________与基本偏差为________，标准公差为________的________配合。

二、单项选择题

1. 具有互换性的零件应是________。
   A. 同规格的零件
   B. 不同规格的零件
   C. 相互配合的零件
   D. 形状和尺寸完全相同的零件

2. 某种零件在装配时需要进行修配，则此种零件________。
   A. 具有完全互换性
   B. 具有不完全互换性
   C. 不具有互换性

3. 基本尺寸是________。
   A. 测量时得到的　　B. 加工时得到的
   C. 装配后得到的　　D. 设计时给定的

4. 对基本尺寸进行标准化是为了________。
   A. 简化设计过程
   B. 便于设计时计算
   C. 方便尺寸的测量
   D. 简化定值刀具、量具、型材和零件尺寸的规定

5. 最小极限尺寸减其基本尺寸所得的代数差为________。
   A. 上偏差　　B. 下偏差
   C. 基本偏差　　D. 实际偏差

6. 某尺寸的实际偏差为零，则其实际尺寸________。
   A. 必定合格
   B. 为零件的真实尺寸

C. 等于基本尺寸

D. 等于最小极限尺寸

7. 尺寸公差带图的零线表示________。

A. 最大极限尺寸　　B. 最小极限尺寸

C. 基本尺寸　　D. 实际尺寸

8. 当孔的上偏差大于相配合的轴的下偏差时，此配合的性质是________。

A. 间隙配合　　B. 过渡配合

C. 过盈配合　　D. 无法确定

9. 确定尺寸精度的标准公差等级共有________级。

A. 12　　B. 16

C. 18　　D. 20

10. 20f6，20f7，20f8 三个公差带________。

A. 上偏差相同且下偏差相同

B. 上偏差相同但下偏差不相同

C. 上偏差不相同但下偏差相同

D. 上下偏差均不相同

11. 国家标准规定优先选用基孔制配合的原因是________。

A. 孔比轴难加工

B. 为了减少孔和轴的公差带数量

C. 为了减少定尺寸孔用刀具、量具的规格和数量

D. 从工艺上讲，应先加工孔，后加工轴

12. 下列配合中公差等级选择不适当的是________。

A. H7/g6　　B. H9/g9

C. H7/f8　　D. M8/h8

三、判断题

1. 互换性要求零件具有一定的加工精度。　（　）

2. 为了使零件具有完全互换性，必须使零件的几何尺寸完全一致。　（　）

3. 凡是具有互换性的零件必为合格品。　（　）

4. 零件的实际尺寸就是零件的真实尺寸。　（　）

5. 某一零件的实际尺寸正好等于其基本尺寸，则该尺寸必为合格。　（　）

6. 某尺寸的上偏差一定大于下偏差。　（　）

7. 在尺寸公差带图中，零线以上的为正偏差，零线以下的为负偏差。　（　）

8. 由于基本偏差为靠近零线的那个偏差，因而一般以数值小的那个偏差作为基本偏差。　（　）

9. 相互配合的孔和轴，其基本尺寸必须相同。　（　）

10. 间隙等于孔的尺寸减去相配合的轴的尺寸。　（　）

11. 凡在配合中可能出现间隙的，其配合性质一定属于间隙配合。　（　）

12. 在孔、轴的配合中，若 ES≤ei，则此配合必为过盈配合。　（　）

13. 基孔制是轴的基本偏差一定，通过改变孔的基本偏差而形成各种配合的一种制度。　（　）

14. 孔、轴配合时若出现很大间隙，则说明孔、轴的精度很低。　（　）

15. 公差代号是由基本偏差代号和公差等级数字组成。（ ）

四、简答题

1. 什么是互换性？它在机械制造中有什么作用？

2. 什么是孔？什么是轴？判断题图 2—1 中的尺寸哪些是孔？哪些是轴？哪些是非孔非轴？

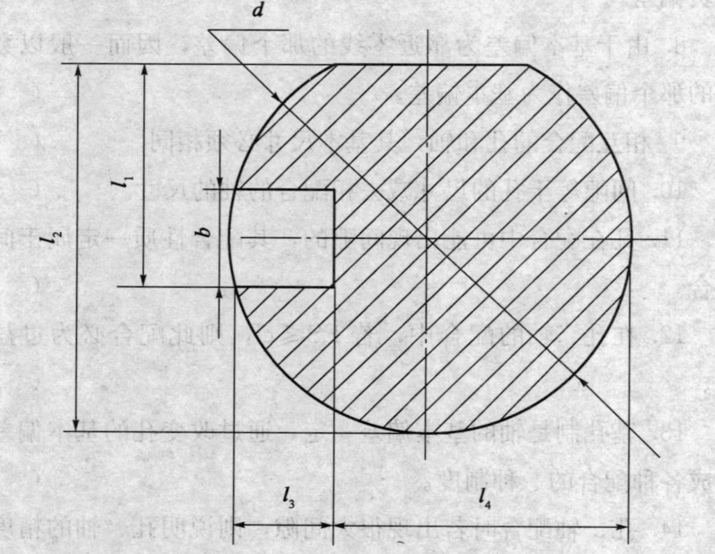

题图 2—1

3. 试绘出孔 $\phi25^{+0.021}_{0}$ mm、轴 $\phi25^{-0.007}_{-0.028}$ mm 的公差带图。

4. 什么是间隙配合？什么是过盈配合？什么是过渡配合？它们的孔、轴公差带是什么关系？

五、计算题

1. 什么是极限尺寸？试计算 $\phi 50^{-0.025}_{-0.050}$ mm、$\phi 50^{+0.070}_{+0.054}$ mm 的极限尺寸。

2. 根据下列各孔的基本尺寸和极限尺寸，计算他们的上、下偏差和公差。

（1）基本尺寸＝55 mm，最大极限尺寸＝55.030 mm，最小极限尺寸＝55.000 mm。

（2）基本尺寸＝90 mm，最大极限尺寸＝90.004 mm，最小极限尺寸＝89.982 mm。

3. 通过计算，求出下列孔和轴配合的极限间隙或极限过盈，并指出它们的配合性质。

（1）孔 $\phi 20^{+0.033}_{0}$ mm，轴 $\phi 20^{-0.020}_{-0.041}$ mm。

（2）孔 $\phi 28^{+0.006}_{-0.015}$ mm，轴 $\phi 28^{0}_{-0.013}$ mm。

（3）孔 $\phi 65^{+0.030}_{0}$ mm，轴 $\phi 65^{+0.051}_{+0.032}$ mm。

§2—2　形位公差

一、填空题

1. 形状和位置公差在机器制造中的作用是限制________，保证零件的________。

2. 位置公差分为________种，它们分别是________、________和________。

3. 跳动公差分为________公差和________公差两大类。

二、单项选择题

1. 位置公差中，“◎”表示________。

A. 圆柱度　　B. 同轴度

C. 位置度　　D. 圆度

2. 形状公差中，“—”表示________。

A. 平行度　　B. 平面度

C. 直线度　　D. 对称度

3. 孔和轴的轴线的直线度公差带形状一般是________。

A. 两平行直线　　B. 圆柱面

C. 一组平行平面　　D. 两组平行平面

4. 在定向公差中，公差带的________随被测要素的实际位置而定。

A. 形状　　B. 位置

C. 方向　　D. 大小

5. 在垂直度公差中，按被测要素和基准要素的几何特征划分，公差带形状最复杂的是________。

A. 线对线的垂直度公差

B. 线对面的垂直度公差

C. 面对线的垂直度公差

D. 面对面的垂直度公差

三、判断题

1. 在机械制造中，零件的形状和位置误差是不可避免的。（　）

2. 尺寸公差用于限制尺寸误差，其研究对象是尺寸；形位公差用于限制形状和位置误差，其研究的对象是几何要素。（　）

3. 中心要素不能被人们直接感觉到，因而中心要素只能作为基准要素，而不能作为被测要素。（　）

4. 单一基准要素是指使用一个基准，而组合基准要素是指使用多个基准，如以两个圆柱的两条轴线作为基准。（　）

5. 位置误差有三种情况，因而相应的位置公差也有三种情况，即定向公差、定位公差和跳动公差。（　）

四、读图题

1. 解释题图 2—2 所示曲轴图中形位公差代号的含义。

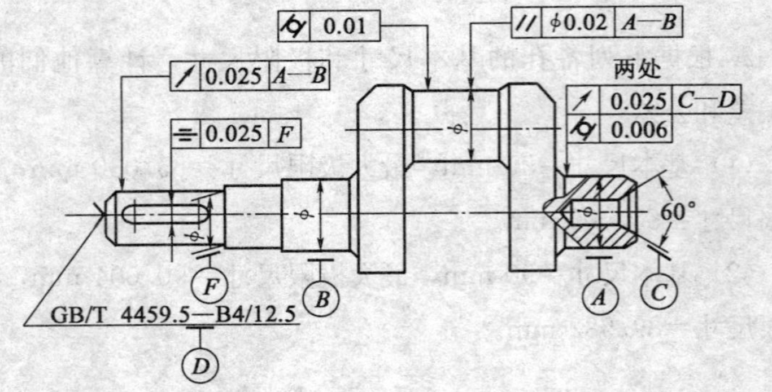

题图　2—2

2. 解释题图 2—3 所示圆盘图中形位公差代号的含义。

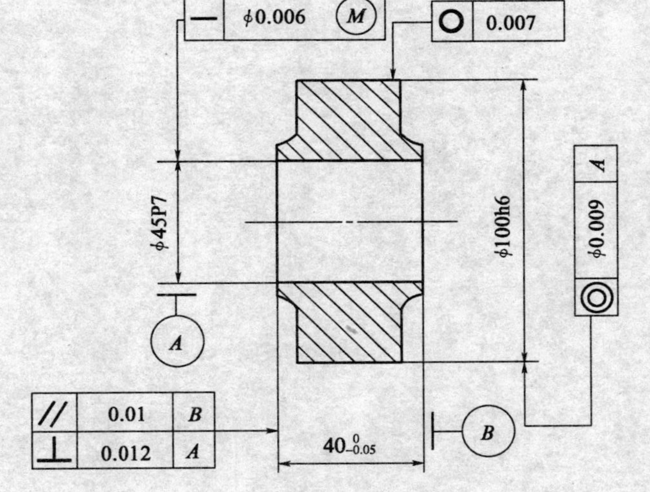

题图 2—3

§2—3 表面粗糙度

一、填空题

1. 零件加工后形成的微观表面状况叫________。

2. 评定表面粗糙度的参数有________、________和________。

二、单项选择题

1. 轮廓算数平均偏差用________表示。

A. R_y　　B. R_a

C. R_z

2. 3.2/▽ 表示的是________。

A. R_a 不大于 3.2 μm

B. R_y 不大于 3.2 μm

C. R_z 不大于 3.2 μm

三、判断题

1. 规定取样长度是为了在评定表面粗糙度时减少宏观几何形状的影响。（　）

2. 轮廓最大高度 R_y 是目前生产上使用最广泛的表面粗糙度评定参数。（　）

四、简答题

1. 什么是表面粗糙度？表面粗糙度对零件性能有何影响？

2. 表面粗糙度有关高度特征的评定参数有几个？它们的代号是什么？

五、读图题

解释题图 2—4 中标注的各表面粗糙度的含义。

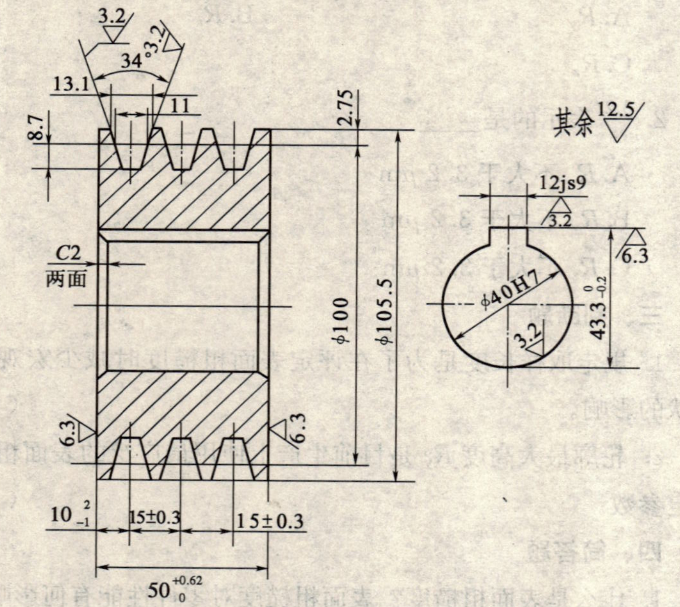

题图　2—4

第三章　金属材料与热处理

§3—1　常用金属材料

一、填空题

1. 金属材料是机电产品中应用最广泛的材料，它的种类繁多，主要分为________金属和________金属。

2. 碳素钢的种类繁多，我国国家标准规定主要根据用途来划分，可分为________钢、________钢、________钢三大类。

3. 合金钢的种类很多，按钢的用途可分为________钢、________钢、________钢。

4. 铸铁是碳的质量分数大于________的铁碳合金。工业用的铸铁依石墨形态和组织性能，可分为________、________、________和蠕墨铸铁等。

二、单项选择题

1. 机械制造工业中应用最为普遍的材料是________。

A. 塑料　　B. 橡胶

C. 金属　　D. 尼龙

2. 以下四种金属属于黑色金属的是________。

A. 铜　　B. 铝

C. 钢　　D. 镍

3. 凡是含碳量小于________的铁碳合金称为碳钢。

A. 0.77%　　B. 2.11%

C. 6.69%　　D. 10%

4. 铸铁是指含碳量________2.11%的铁碳合金。

A. 大于　　B. 等于

C. 小于

5. 45 钢表示其平均含碳量为________。

A. 4.5%　　B. 0.45%

C. 0.5%　　D. 0.045%

6. 可锻铸铁________用来锻造。

A. 不可以　　B. 可以

7. W18Cr4V 属于________。

A. 碳素工具钢　　B. 合金工具钢

C. 高速钢　　D. 合金结构钢

8. T10 属于________。

A. 碳素工具钢　　B. 合金工具钢

C. 高速钢　　D. 合金结构钢

9. 制造轴承座、减速箱一般使用________铸铁。

A. 灰口　　B. 可锻

C. 球墨

10. 制造农具、汽车零件宜选用________。

A. 球墨铸铁　　B. 可锻铸铁

C. 耐热铸铁

11. 制造各种弹簧宜选用________。

A. 可锻铸铁　　B. 高速钢

C. 弹簧钢

12. 黄铜是铜和________的合金。

A. 锌　　B. 铅

C. 锡　　D. 铝

三、判断题

1. 金属材料的变形一般分为弹性变形和塑性变形。（　）

2. 材料硬度越高，耐磨性越好，抵抗局部变形的能力也越强。（　）

3. 除黑色金属以外的其他金属都称为有色金属。（　）

4. 铸铁中碳的存在形式不同，其性能也不相同。（　）

5. 工业纯铝牌号的顺序号越大，则纯度越高。（　）

6. 可锻铸铁因能锻造而得名。（　）

7. 白口铸铁断口呈白色，性能硬而脆。（　）

8. 45 钢含碳量比 65 钢高。（　）

9. 金属的硬度分为布氏硬度（HB）和洛氏硬度（HRC）。（　）

10. 钢号“30”表示钢中平均含碳量为 0.30%。（　）

11. 20Cr 合金钢表示含碳量为 0.02%。（　）

12. 机械制造中常用的金属材料以纯金属为主。（　）

四、简答题

什么是合金？钢和铁是什么合金？

§3—2　热处理基础知识

一、填空题

1. 热处理是将固态金属或合金在一定介质中________、________和________，以获得所需要的________的工艺过程。

2. 钢的热处理分为________、________和________。

3. 普通热处理分为________、________、________和________。

二、单项选择题

1. 正火钢的强度及硬度比退火钢________。

A. 低　　B. 稍低

C. 高　　D. 相等

2. 淬火的目的是提高钢的________。

A. 塑性　　B. 硬度

C. 韧性

3. 将钢加热到一定温度，保温一段时间，然后在空气中冷却的热处理方法称为________。

A. 退火　　B. 正火

C. 回火　　D. 淬火

4. 将钢加热到一定温度，经保温后快速在水（或油）中冷却的热处理方法称为________。

A. 退火　　B. 正火

C. 回火　　D. 淬火

5. 某齿轮轴的制作材料为中碳钢，为了提高耐用度，应进行________处理。

A. 淬火　　B. 退火

C. 调质

6. 正火可改善碳在________中的存在形式。

A. 低碳钢　　B. 中碳钢

C. 高碳钢

7. 表面热处理是为了改变零件________的化学成分或组织。

A. 内部　　B. 表面

C. 全部

三、判断题

1. 钢的正火比钢的淬火冷却速度快。（　）

2. 钢经过热处理，能显著提高其力学性能。（　）

3. 淬火后会降低钢的韧性。（　）

4. 对钢进行表面淬火的目的是使钢材零件的心部获得高硬度。（　）

5. 一般来讲，钢的含碳量越高，淬火后越硬。（　）

6. 退火的目的是使钢件变硬。（　）

7. 各种热处理工艺一般都有加热、保温和冷却三个阶段。（　）

四、简答题

什么是热处理？其目的是什么？普通热处理的四种方法分别是什么？

第四章 机械传动

§4—1 带传动和链传动

一、填空题

1. 带传动是利用带作为________，靠传动带与带轮之间的________来传递运动的。常使用的带传动有________传动和________传动。

2. V 带是________环形带，其横剖面为等腰梯形，工作时依靠带的________与带轮轮槽相接触工作。

3. 带传动的传动比 i 就是带轮________之比或带轮的________之比，用公式表示为________。

4. ________是以链条作为中间挠性传动件，通过链节与链轮齿间的不断________而传递运动和动力的。

5. 链传动的类型很多，按用途不同分为________、________和________三大类。

二、单项选择题

1. 带传动是依靠________来传递运动的。

A. 主轴的动力　　B. 主动轮的转矩

C. 带与带轮间的摩擦力

2. 带传动的传动比具有________的特点。

A. 传动比不准确　　B. 瞬时传动比准确

C. 平均传动比准确

3. 为了制造测量的方便，取 V 带的________作为它的标准长度。

A. 内周长度　　B. 外周长度

C. 通过横截面中性层的周长

4. V 带传动的包角通常要求________ 120°。

A. 大于　　B. 等于

C. 小于

5. 通常在同一带传动中，若小带轮上的包角为 α_1，大带轮上的包角为 α_2，则________。

A. $\alpha_1 < \alpha_2$　　B. $\alpha_1 = \alpha_2$

C. $\alpha_1 > \alpha_2$

6. 在一组 V 带中若坏了少数几根，则应________。

A. 更换已损坏的　　B. 成组更换

C. 暂时都不换

7. 链传动属于________。

A. 摩擦传动　　B. 啮合传动

C. 以上都不对

8. 在低速、重载、高温和尘土飞扬的工作环境中，一般采用________。

A. 摩擦轮传动　　B. 链传动

C. 齿轮传动　　D. 蜗杆传动

9. V 带传动是靠________的摩擦力传递动力和运动的。

A. V 带的底面、侧面与轮槽侧面、底面

B. V 带的底面与轮槽底面

C. V 带的侧面与轮槽侧面

10. V 带传动，新旧带________混用。

A. 允许　　B. 不允许

11. 带轮直径越小，其寿命就越________。

A. 短　　B. 长

D. 一般　　D. 不受影响

三、判断题

1. 带传动是具有中间挠性件的传动方式。（　）

2. 带传动中的包角通常是指大带轮的包角。（　）

3. 带传动的传动比准确。（　）

4. V 带较平带传动能力强。（　）

5. V 带由纤维和橡胶材料做成，不怕水。（　）

6. V 带的截面尺寸按国家标准，共分 Y、Z、A、B、C、D、E 七种型号。（　）

7. V 带传动时，两轮的转向相同。（　）

8. V 带传动是依靠带的内表面与带轮接触实现的。（　）

9. 为了保证 V 带的工作面与带轮轮槽工作面之间的紧密贴合，轮槽的夹角应略小于带的夹角。（　）

10. V 带在轮槽中的正确位置应该是，三角带底面和两侧面同时与轮槽接触。（　）

四、简答题

1. 带传动的工作原理是什么？带传动的主要特点有哪些？

2. 普通 V 带传动的使用和维护要注意些什么？

3. 什么是链传动？链传动的主要特点有哪些？

§4—2 齿轮传动

一、填空题

1. 齿轮传动的工作原理是：由________和________相互啮合来传递________的。

2. 渐开线齿廓相互啮合可保持________，且具有________。

3. 渐开线齿形上任意点 K 的________和________之间的夹角，称为齿形角。

4. 一对渐开线直齿圆柱齿轮若想正确啮合，应满足两齿轮的________和________必须分别相等，并等于________。

5. 斜齿圆柱齿轮的正确啮合条件：两齿轮________相等；两齿轮________相等；两齿轮________相等，旋向________。

6. 直齿锥齿轮的正确啮合条件：两齿轮的________相等，两齿轮的________相等。

7. 蜗杆传动的正确啮合条件是：________、________和________。

8. 齿轮的失效形式有很多种，常见的失效形式有________、________、________和________。

二、单项选择题

1. 渐开线是发生线沿________做纯滚动时，发生线上一定点的轨迹。

A. 基圆　　B. 分度圆

C. 节圆　　D. 齿顶圆

2. 能保持瞬时传动比恒定的传动是________。

A. 摩擦轮传动　　B. 带传动

C. 链传动　　D. 渐开线齿轮传动

3. 齿轮传动的特点是________。

A. 传递的功率和速度范围大

B. 使用寿命长，但传动效率低

C. 制造和安装精度要求不高

D. 能实现无级变速

4. 下列哪一种齿轮传动能改变两轴间的传动方向________。

A. 直齿圆柱齿轮

B. 斜齿圆柱齿轮

C. 内啮合齿轮

D. 圆锥齿轮

5. 齿轮传动组成的运动副为________。

A. 高副　　B. 低副

C. 移动副　　D. 旋转副

6. 国家标准规定，分度圆上齿形角为________。

A. 0°　　B. 15°

C. 20°　　D. 14°

7. 两轴平行、传动平稳、存在一定轴向力的传动是________。

A. 直齿圆柱齿轮传动

B. 齿轮齿条传动

C. 圆锥齿轮传动

D. 斜齿轮传动

8. 渐开线齿轮的齿距等于________。

A. π/m　　B. πm

C. m/π　　D. 0

9. 齿轮应用最广泛的齿廓曲线为________。

A. 渐开线　　B. 摆线

C. 圆弧点啮合曲线

10. 齿轮传动的瞬时传动比________。

A. 恒定　　B. 变化

C. 可调

11. 高速重载齿轮传动的主要失效形式为________。

A. 齿面胶合

B. 齿面磨损和齿面点蚀

C. 齿面点蚀

D. 齿根折断

12. 直齿圆锥齿轮规定________的模数为标准值。

A. 大端　　B. 小端

C. 齿宽中点处

三、判断题

1. 渐开线的齿廓可以保持传动比在任何时候都是恒定的。 (　　)
2. 模数 m 表示齿轮齿形的大小，它是没有单位的。 (　　)
3. 模数 m 越大，轮齿的承载能力越大。 (　　)
4. 标准直齿轮的端面齿厚与端面齿槽宽相等。 (　　)
5. 一对啮合的圆柱斜齿轮用于平行轴传动时，两轮的螺旋角应相等，旋向应相同。 (　　)
6. 螺旋角越大，斜齿轮传动越平稳。 (　　)
7. 齿面点蚀是开式齿轮传动的主要失效形式。 (　　)
8. 标准直齿圆锥齿轮以小端的几何参数为标准值。 (　　)
9. 通常情况下，蜗杆蜗轮传动中蜗杆是主动件。 (　　)
10. 蜗杆传动的传动比大，而且准确。 (　　)

四、简答题

1. 齿轮传动的类型有哪些？其传动特点是什么？

2. 什么叫分度圆？标准齿轮的分度圆在什么位置？

3. 什么叫齿轮轮齿的失效？齿轮轮齿常见的失效形式有哪些？

五、计算题

1. 已知一标准直齿圆柱齿轮，其模数 $m=10$ mm，齿数 $z=20$，求齿距 p、分度圆直径 d、齿顶圆直径 d_a。

2. 一标准直齿圆柱齿轮，模数 $m=4$ mm，齿数 $z=20$，求该齿轮的几何尺寸。

§4—3 轮　　系

一、填空题

1. 由一系列相互啮合的齿轮组成的传动系统称为________。

2. 根据轮系传动时各齿轮轴线在空间的相对位置是否固定，轮系可分为________和________。

3. 定轴轮系的传动比是指轮系中首末两轮的________之比。定轴轮系的传动比用 i_{1k} 表示，记做________。

4. 轮系中至少有一个齿轮和它的几何轴线绕另一个齿轮的几何轴线转动，这种轮系称为________。

二、单项选择题

1. 在一轮系中，若各齿轮和传动件的几何轴线都是固定的，则此轮系为________。

A. 定轴轮系　　B. 动轴轮系

C. 周转轮系　　D. 行星轮系

2. 轮系的功用中，实现________必须依靠周转轮系来实现。

A. 运动的合成与分解　　B. 变速传动

C. 分路传动　　D. 大传动比

3. 轮系中，________转速之比称为轮系的传动比。

A. 首轮和末轮　　B. 末轮和首轮

4. 轮系中使用惰轮可________。

A. 变向　　B. 变速

C. 改变传动比

5. 一轮系有 3 对齿轮参加传动，经传动后，则输入轴与输出轴的旋转方向________。

A. 相同　　B. 相反

C. 不变　　D. 不定

6. 定轴轮系传动比的大小与轮系中惰轮的齿数________。

A. 无关　　B. 有关

C. 成正比　　D. 成反比

7. 传递平行轴运动的轮系，若外啮合齿轮为偶数对时，首末两轮转向________。

A. 相同　　B. 相反

三、判断题

1. 旋转齿轮的几何轴线位置均不固定的轮系，称为定轴轮系。　　(　　)

2. 至少有一个齿轮的几何轴线绕另一个齿轮旋转的轮系称为定轴轮系。（　）

3. 定轴轮系可以把旋转运动转变成直线运动。（　）

4. 轮系可以实现变速和变向要求。（　）

5. 轮系可以合成运动，不能分解运动。（　）

6. 轮系传动可以实现无级变速。（　）

7. 轮系传动既可以用于相距较远的两轴间传动，又可以获得较大传动比。（　）

8. 转系传动比计算式中（—1）的指数 m 表示轮系中相啮合圆柱齿轮的对数。（　）

9. 轮系中的某一个中间齿轮，可以既是前级的从动轮，又是后级的主动轮。（　）

10. 轮系中使用惰轮可以变向和变速。（　）

四、简答题

1. 什么是轮系？轮系有哪些功用？

2. 什么是定轴轮系？什么是周转轮系？

五、计算题

如题图 4—1 所示的定轴轮系中，$z_1=18$、$z_2=20$、$z_3=36$、$z_4=21$、$z_5=42$、$z_6=20$、$z_7=40$，主动轮转速 $n_1=1\ 440$ r/min，n_1 的转向如图。求：

（1）该轮系的传动比 i_{17}。

（2）齿轮 7 的转速 n_7 及转向。

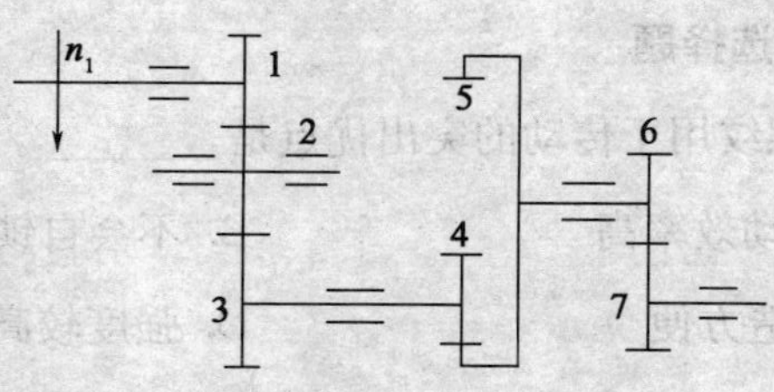

题图　4—1

§4—4 螺旋传动

一、填空题

1. 螺旋运动由螺杆和螺母组成，它可以方便地把主动件的________转变为从动件的________。螺旋传动按螺旋副的用途分为________螺旋、________螺旋和________螺旋。

2. 普通螺旋传动内、外螺纹面之间的相对运动为________摩擦。

3. 滚动螺旋传动主要由________、________、________及滚珠循环装置组成。

二、单项选择题

1. 矩形螺纹用于传动的突出优点是________。

   A. 传动效率高　　B. 不会自锁

   C. 制造方便　　D. 强度较高

2. 螺旋传动中，以传递运动为主时，一般应选用________。

   A. 传力螺旋　　B. 调整螺旋

   C. 传导螺旋　　D. 滑动螺旋

三、判断题

1. 螺旋传动中，螺杆一定是主动件。（　　）

2. 机床上的丝杠及螺旋千斤顶等螺纹都是矩形的。（　　）

四、简答题

1. 螺旋传动具有哪些应用特点？

2. 滚动螺旋传动有什么优、缺点？

第五章　常用机构

§5—1　铰链四杆机构

一、填空题

1. 平面连杆机构是应用很广泛的一种________机构。它是由若干个刚性构件用________或________连接而成的。

2. 连架杆能绕其回转中心做整周转动，称为________；连架杆只能对回转中心做往复摆动，则称为________。

3. 对于铰链四杆机构，可根据连架杆是曲柄还是摇杆分成________机构、________机构和________机构三种基本形式。

4. 曲柄存在的条件是最短杆与最长杆长度之和必________其余两杆长度之和；最短杆必为________或________。

5. 在曲柄摇杆机构中，当以曲柄为主动件做顺时针匀速转动时，摇杆往复摆动时________的平均速度大于________的平均速度的特性，称为________。

6. 在曲柄摇杆机构中，当以________为主动件时，在连杆与曲柄共线的位置上机构将会出现________或________现象，将这种位置称为“死点位置”。

二、单项选择题

1. 当平面四杆机构的运动副都是________时，称为铰链四杆机构。

A. 转动副　　B. 移动副

C. 螺旋副　　D. 齿轮副

2. 在铰链四杆机构中曲柄存在的条件正确的说法是：最短杆与最长杆长度之和________其他两个长度之和。

A. 等于　　B. 小于

C. 大于　　D. 小于等于

3. 家用缝纫机的踏板机构属于________机构。

A. 曲柄滑块机构　　B. 双曲柄机构

C. 双摇杆机构　　D. 曲柄摇杆机构

4. 在铰链四杆机构中当________时，机构无急回特性。

A. $\theta>0$　　B. $\theta<0$

C. $\theta=0$　　D. $\theta\geqslant0$

5. 在曲柄摇杆机构中存在________死点位置。

A. 1 个　　B. 2 个

C. 3 个　　D. 4 个

6. 在如题图 5—1 所示的机构中，若构成双曲柄机构时需固定________。

A. *AB* 杆　　B. *CD* 杆

C. *BC* 杆　　D. *AD* 杆

7. 在如题图 5—1 所示的机构中，若构成双摇杆机构时需固定________。

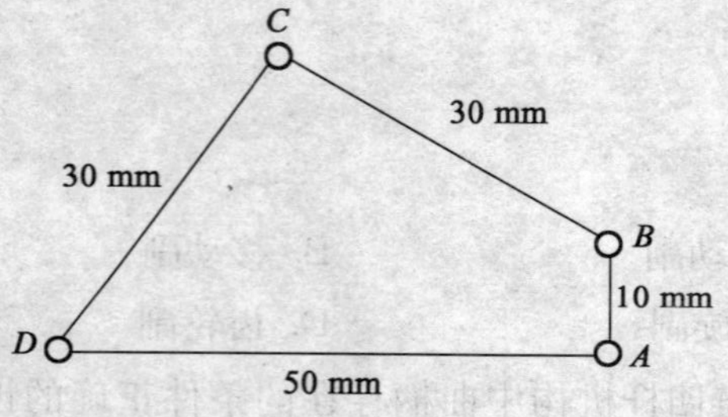

题图 5—1

A. *AB* 杆　　B. *CD* 杆

C. *BC* 杆　　D. *AD* 杆

8. 曲柄摇杆机构中曲柄的长度________。

A. 最长　　B. 最短

C. 大于摇杆的长度　　D. 大于连杆的长度

9. 铰链四连杆机构的死点位置发生在________。

A. 从动件与连杆共线位置

B. 从动件与机架共线位置

C. 主动件与连杆共线位置

D. 主动件与机架共线位置

10. 汽车车门的联动机构为________机构

A. 曲柄摇杆机构　　B. 反向双曲柄机构

C. 曲柄滑块机构　　D. 双摇杆机构

11. 牛头刨床的进给机构为________。

A. 曲柄摇杆机构　　B. 双摇杆机构

C. 双曲柄机构

12. 鹤式起重机属于________。

A. 双曲柄机构　　B. 曲柄摇杆机构

C. 双摇杆机构

13. 机械工程中，通常利用________的惯性储蓄能量，以越过平面连杆机构的死点位置。

A. 从动构件　　B. 主动构件

C. 连接构件

14. 汽车转向架中的等腰梯形机构属于________。

A. 双摇杆机构　　B. 曲柄摇杆机构

C. 双曲柄机构

15. 物理实验室所用的天平采用了________。

A. 平行双曲柄机构　　B. 反向双曲柄机构

C. 曲柄摇杆机构

三、判断题

1. 铰链四杆机构中的最短杆就是曲柄。（　）

2. 家用缝纫机的脚踏板机构采用的是双摇杆机构。（　）

3. 曲柄和连杆都是连架杆。（　）

4. 在平面连杆机构中，以最短杆为机架，就能得到双曲柄机构。（　）

5. 利用选择不同构件作为机架的方法，可以把曲柄摇杆机构改变成双摇杆机构。（　）

6. 曲柄摇杆机构中，摇杆两极限位置所夹锐角称为极位夹角。（　）

7. 在曲柄摇杆机构中，当曲柄和连杆共线时，就是死点位置。（ ）

8. 在实际生产中，机构的死点位置对工作都是不利的。（ ）

9. 飞机起落架机构为双曲柄机构。（ ）

10. 液体搅拌机机构为曲柄摇杆机构。（ ）

四、简答题

1. 什么是铰链四杆机构？它的四个构件各叫什么名称？

2. 什么是曲柄？什么是摇杆？

3. 铰链四杆机构中，曲柄存在的条件是什么？

4. 什么是机构的急回特性？什么是机构的死点位置？

§5—2 凸轮机构

一、填空题

1．按凸轮形状可分为________凸轮、________凸轮和________凸轮三种类型。

2. 按从动件端部结构形状可分为________从动件、________从动件和________从动件三种类型。

二、单项选择题

1. ________决定从动件预定的运动规律。

A. 凸轮轮廓曲线　B. 凸轮转速

C. 凸轮形状

2. 凸轮机构从动件的运动规律________任意拟定。

A. 可以按要求　B. 不能

3. 凸轮与从动件接触的运动副属________。

A. 点接触高副　B. 转动副

C. 移动副　D. 螺旋副

4. ________的凸轮机构，宜使用尖顶从动件。

A. 要求传动灵敏、准确　B. 转速较高

C. 传力较大

5. ________的外凸式凸轮机构，宜使用平底从动件。

A. 转速较高　B. 传力较大

C. 需传动灵敏、准确

6. 凸轮机构从动件中，________式从动件最易磨损。

A. 尖顶　　B. 滚子

C. 平底

7. ________凸轮机构从动件的行程不能太大。

A. 盘形　　B. 移动

C. 圆柱

8. ________从动件对于较复杂的凸轮轮廓曲线，也能准确地获得所需要的运动规律。

A. 尖顶式　　B. 滚子式

C. 平底式

9. ________从动件的摩擦阻力小、传动能力大。

A. 滚子式　　B. 尖顶式

C. 平底式

10. 组成凸轮机构的基本构件有________个。

A. 3　　B. 2

C. 4　　D. 5

11. 与平面机构相比，凸轮机构的突出优点是________。

A. 能严格地实现给定的从动件运动规律

B. 能实现间歇运动

C. 能实现多种运动形式转换

D. 传力性能好

三、判断题

1. 凸轮机构广泛应用于机械自动控制。（　）

2. 圆柱凸轮机构中，凸轮与从动件在同一平面或相互平行平面内运动。（　）

3. 平底从动件也可以用于具有内凹槽曲线的凸轮机构中。（　）

4. 凸轮机构可通过选择适当凸轮类型，使从动件得到预定要求的各种运动规律。（　）

5. 凸轮与从动件在高副接触处，可以保持良好的润滑而不易磨损。（　）

6. 从动件的运动规律，就是凸轮机构的工作目的。（　）

7. 一个凸轮可以有多种预定的运动规律。（　）

8. 凸轮轮廓曲线是根据实际要求而拟定的。（　）

9. 凸轮机构也能很好的完成从动件的间歇运动。（　）

四、简答题

1. 组成凸轮机构的基本构件有哪些？凸轮机构的特点是什么？

2. 按凸轮的形状凸轮共分几种类型？按从动件的端部形状从动件共分几种类型？

§5—3 间歇运动机构

一、填空题

1. 间歇运动机构是一种将主动件的________变换为从动件____________的机构。常用间歇运动机构有________机构和________机构。

2. 槽轮机构又称________机构，它是________、________等间歇运动机构中应用较普遍的一种机构。

二、单项选择题

1. 棘轮机构的主动件是________。

A. 棘爪　　B. 止回棘爪

C. 棘轮

2. 槽轮机构的主动件是________。

A. 拨盘　　B. 槽轮

C. 圆销

3. 放电影时，胶片以每秒 24 张的速度通过镜头，每张画面在镜头前有一短暂的停留，放映机的卷片机构是利用________来实现的。

A. 棘轮机构　　B. 槽轮机构

C. 齿轮机构　　D. 凸轮机构

4. 起重设备常用________。

A. 双向式对称棘轮机构　　B. 双动式棘轮机构

C. 摩擦式棘轮机构　　D. 防止逆转式棘轮机构

5. 内燃机的气阀机构是一种________。

A. 棘轮机构　　B. 凸轮机构

C. 变速机构　　D. 双摇杆机构

6. 调整棘轮转角的方法是________。

A. 调整遮板的位置　　B. 调整摇杆的长度

C. 增加棘轮齿数

7. 槽轮机构的槽轮转角________。

A. 不能调节　　B. 可无级调节

C. 可有级调节

8. 主动摇杆往复摆动时都能使棘轮沿单一方向间歇转动的是________棘轮机构。

A. 单动式　　B. 双动式

C. 可变向　　D. 内啮合

9. 自行车后轴上俗称的“飞轮”是________机构。

A. 棘轮　　B. 槽轮

C. 不完全齿轮　　D. 凸轮式间歇

10. 冲床工作台自动转位机构采用________。

A. 槽轮机构　　B. 棘轮机构

C. 凸轮机构　　D. 间歇齿轮机构

三、判断题

1. 能实现间歇要求的机构，不一定都是间歇运动机构。（　）

2. 间歇运动机构的主动件，在任何时候也不能变成从动件。（　）

3. 棘轮机构必须具有止回棘爪。（ ）

4. 与双向式对称棘爪相配合的棘轮，其齿槽必定是梯形槽。（ ）

5. 槽轮机构必须有锁止圆弧。（ ）

6. 棘轮的转角大小是可以调节的。（ ）

7. 有锁止圆弧的间歇运动机构，都是槽轮机构。（ ）

8. 间歇机构与凸轮机构一样，常用于自动化机械中。（ ）

9. 槽轮机构和棘轮机构一样，可方便地调节槽轮转角的大小。（ ）

10. 对于四槽双圆销槽轮机构，若要槽轮转 3 周，曲柄应转 8 周。（ ）

§5—4 变速机构与变向机构

填空题

1. 在输入轴转速不变的条件下，使输出轴获得不同转速的传动装置称为________。变速机构分________机构和________机构两大类。

2. 常用的有级变速机构有________变速机构、________变速机构、________变速机构和________变速机构等。

3. 变向机构主要作用是在输入轴________不变时，改变动轴的________。

§5—5 安全保险机构

简答题

机器中为什么要设置安全保险装置？

第六章　联接零件

§6—1　键、销及其联接

一、填空题

1. 根据联接件之间是否存在相对运动，可分为________和________两大类；根据联接后是否可拆，可分为________和________两大类。

2. 通过键将轴与轴上零件（齿轮、带轮、凸轮等）结合在一起，实现________，并传递转矩的联接称为________。常用的键联接类型有：________联接、________联接、________联接、________联接和________联接等。

3. 按键宽配合的松紧程度不同，平键联接形式分为________联接、________联接和________联接三种。

4. 销联接可用来确定零件之间的________、________，还可用做________的切断零件。销主要有________和________两种。

二、单项选择题

1. 普通平键按端部形状不同分为________。

A. A 型和 B 型　　B. A 型和 C 型

C. B 型和 C 型　　D. A 型、B 型和 C 型

2. 键 16×100 表示键宽为________ mm。

A. 16　　B. 100

C. 1 600　　D. 不确定

3. 键 16×100 表示键长为________ mm。

A. 16　　B. 100

C. 1 600　　D. 不确定

4. 锥形轴与轮毂的键联接应选用________。

A. 平键联接　　B. 半圆键联接

C. 花键联接　　D. 楔键联接

5. 传递载荷大，定心精度要求较高的场合使用________。

A. 普通平键联接　　B. 半圆键联接

C. 花键联接　　D. 楔键联接

6. 可以承受不是很大的单方向的轴向力，上、下两面为工作面的键是________。

A. 平键　　B. 楔键

C. 半圆键　　D. 花键

7. 普通平键联接的应用特点有________。

A. 依靠侧面传递转矩，对中性良好，装拆方便

B. 能实现轴上零件的轴向定位

C. 不适用于高速、高精度和承受变载、冲击的场合

D. 多用于轻载或辅助性联接

8. 用来传递动力或转矩的销称为________。

A. 定位销　　　　B. 联接销

C. 安全销

三、判断题

1. B 型普通平键在键槽中不会发生轴向移动，所以应用最广。（　）

2. 半圆键多用于锥形轴的辅助性联接。（　）

3. 楔键联接能使轴上零件轴向固定，且能使零件承受单方向的轴向力，但对中性差。（　）

4. 花键联接在键联接中是定心精度较高的联接。（　）

5. 楔键联接是以两侧面为工作面来传递扭矩的。（　）

6. 键是标准件。（　）

7. 将普通平键加长即成为导向平键。（　）

8. 花键联接的承载能力大。（　）

9. 平键选择时主要是根据轴的直径确定其截面尺寸。（　）

10. 销联接只能用来确定零件间的相互位置。（　）

四、简答题

1. 什么是键联接？常用的键联接有哪些类型？

2. 什么是销联接？常用的销有哪几种？

§6—2　轴

一、填空题

1. 轴是机械产品中的重要零件之一，用来________传动零件、________、________，以及保证装在轴上的零件具有________位置和具有一定的回转精度。

2. 根据轴线几何形状的不同，轴可以分为________和________两大类。根据轴所受载荷情况的不同，又可将轴分为________、________和________三类。

3. 对轴上零件予以轴向固定的目的是保证零件在轴上有________，防止零件________，并能承受________。

4. 轴上零件周向固定的目的是为了________，防止零件与轴产生________。常采用________和________等方法。

二、单项选择题

1. 仅用以支承旋转零件而不传递动力，即只受弯曲而无扭矩作用的轴，称为________。

A. 心轴　　　　B. 转轴

C. 传动轴

2. 轴与轴承配合的部分称为________。

A. 定心表面　　B. 轴头

C. 轴身　　D. 轴颈

3. 轴与其他旋转零件配合的部分称为________。

A. 轴头　　B. 轴

C. 轴身

4. 直轴按外形有________等形式 。

A. 光轴和台阶轴　　B. 心轴

C. 转轴　　D. 传动轴

5. 转轴在实际工作中________的作用。

A. 受弯曲和扭转　　B. 只受弯曲

C. 只受扭转

6. 台阶轴的各部分直径________配合直径。

A. 不全是　　B. 都是

7. 在轴中部装有齿轮，工作中承受较大的双向轴向力，应采用________方法进行轴向固定。

A. 轴肩与圆螺母　　B. 弹簧挡圈

C. 轴肩与套筒

8. 将转轴设计成台阶形的主要目的是________。

A. 便于轴上零件的固定和装拆

B. 便于轴的加工

C. 提高轴的刚度

三、判断题

1. 按轴的外形不同，轴可分为曲轴和直轴。（　　）

2. 心轴在工作中只承受扭转作用。（　　）

3. 计算得到的轴径尺寸，必须按标准系列圆整。（　　）

4. 转轴与轴上零件必须采用键或销联接。（　　）

5. 心轴在实际应用中都是固定的。（　　）

6. 转轴在工作中是转动的，传动轴是不转动的。（　　）

7. 只有轴头上才有键槽。（　　）

8. 根据直轴的形状不同，可分为心轴、转轴和传动轴。（　　）

9. 把大尺寸直径布置在一端的台阶轴，结构较好。（　　）

10. 轴上各部位开设倒角，是为了减少应力集中。（　　）

四、简答题

1. 在机械产品中，轴有哪些功用？

2. 轴上零件轴向固定的目的是什么？常用的轴向固定方法有哪些？

3. 轴上零件周向固定的目的是什么？常用的周向固定方法有哪些？

§6—3 螺纹联接

一、填空题

1. 在通过螺纹轴线的剖面上，螺纹的轮廓形状称为________。按螺纹牙型不同，常用的螺纹有________螺纹、________螺纹、________螺纹和________螺纹。按其用途可分成________螺纹和________螺纹两大类。

2. 常见的螺纹紧固联接类型有________联接、________联接、________联接和____________联接四大类。

3. 常见的螺纹防松装置形式有：________防松、________防松和________。

二、单项选择题

1. 普通螺纹的主要用途是________。

A. 联接和紧固零部件

B. 用于机床设备中传递运动

C. 用于管件的联接和密封

D. 在起重装置中传递力的作用

2. 螺纹按用途可分为________螺纹两大类。

A. 联接和传动　　B. 左旋和右旋

C. 外和内

3. 标准管螺纹的牙型角为________。

A. 55°　　B. 60°

C. 30°　　D. 3°

4. 采用双头螺柱联接应把螺纹________的一端旋紧在被联接件的螺孔中。

A. 较短　　B. 较长

C. 任意

5. 当被联接件之一很厚，联接需常拆装时，应采用__________联接。

A. 双头螺柱　　B. 螺钉

C. 螺栓

6. 在同一螺栓组中，螺栓的材料、直径、长度均应相同，这是为了________。

A. 受力均匀和便于装配

B. 造型美观

C. 降低成本

7. 对顶螺母属________防松。

A. 摩擦　　B. 机械

C. 不可拆

8. 压力容器端盖上均布的螺栓是受______载荷的联接螺纹。

A. 轴向　　B. 横向

9. 开口销与槽螺母属________防松。

A. 机械　　B. 摩擦

C. 不可拆

10. 管螺纹的公称直径是指________。

A. 管子内径　　B. 螺纹外径

C. 螺纹内径　　D. 螺纹中径

11. 螺纹代号 M20×1.5 表示________螺纹。

A. 普通米制细牙　　B. 普通米制粗牙

C. 英寸制　　D. 管

12. 薄壁零件联接应采用________螺纹。

A. 三角形细牙　　B. 三角形粗牙

C. 梯形　　D. 矩形

三、判断题

1. 普通螺纹的牙型半角为 30°。（　）

2. 直径和螺距都相等的单头螺纹和双头螺纹相比，前者较易松脱。（　）

3. 螺纹联接属机械静联接。（　）

4. 螺旋传动中，螺杆一定是主动件。（　）

5. 螺距 4 mm 的 3 线螺纹转动一周，螺纹件轴向移动4 mm。（　）

6. 联接螺纹大多数是多线的梯形螺纹。（　）

7. 双头螺柱联接的使用特点是用于较薄的联接件。（　）

8. 双头螺柱在装配时，要把螺纹较长的一端旋紧在被联接件的螺孔内。（　）

9. 机床上的丝杠及螺旋千斤顶等螺纹都是矩形的。（　）

10. 同一直径的螺纹按螺旋线数不同，可分为粗牙和细牙两种。（　）

四、简答题

1. 常见的联接螺纹是什么螺纹？其基本参数有哪些？

2. 螺纹联接为什么要防松？按防松原理可分为哪几大类？

§6—4　轴　　承

一、填空题

1. 用于确定轴与其他零件的__________并起__________作用的零（部）件称为轴承，轴承可分为________轴承和________轴承两大类。

2. 滚动轴承主要由________、________、________和

________组成。

3. 滚动轴承可分为________、________、________三大类。

4. 滑动轴承常见的润滑方法有________、________、________、________和________五种。

5. 密封的目的是为了防止灰尘的________和润滑剂的________。常见的密封方式有________密封和________密封。

二、单项选择题

1. ________式滑动轴承磨损后径向间隙不可调整。

A. 整体　　B. 对开

2. 深沟球轴承的类型代号为________。

A. 6　　B. 1

C. 2　　D. 5

3. 从经济性考虑，只要能满足使用要求时应选________轴承。

A. 球　　B. 圆柱滚子

C. 圆锥滚子

4. 轴承是用来支承________的。

A. 轴颈　　B. 轴头

C. 轴身

5. 在压力机曲轴中部应采用________滑动轴承。

A. 整体式　　B. 对开式

6. 只能承受径向载荷而不能承受轴向载荷的滚动轴承是________。

A. 深沟球轴承　　B. 角接触球轴承

C. 推力球轴承　　D. 圆柱滚子轴承

7. 同时承受轴向载荷和径向载荷的滚动轴承是________。

A. 角接触球轴承　　B. 推力球轴承

C. 圆柱滚子轴承

8. 对于低速的滚动轴承，其主要失效形式是________。

A. 塑性变形　　B. 疲劳点蚀

C. 磨损

9. 不同直径系列的轴承________。

A. 外径相同，内径和宽度不同

B. 内径相同，外径和宽度不同

C. 内径、外径相同而宽度不同

D. 宽度相同而内径、外径不同

10. 在尺寸相同的情况下，________能承受的轴向载荷最大。

A. 角接触球轴承　　B. 深沟球轴承

C. 圆锥滚子轴承　　D. 调心球轴承

三、判断题

1. 对开式滑动轴承，轴瓦磨损后可调整间隙。（　　）

2. 滑动轴承的噪声和振动小于滚动轴承。（　　）

3. 滚动轴承和滑动轴承相比，前者更适于重负荷的场合。（　　）

4. 球轴承和滚子轴承相比，后者承受重负荷和耐冲击的能力较强。（　　）

5. 滚动轴承的内圈与轴径、外圈与座孔之间均采用基孔制

配合。（　　）

6. 润滑油黏度随温度的升高而降低。（　　）

7. 选用调心轴承时，必须在轴的两端成对使用。（　　）

8. 向心滚动轴承，只能承受径向载荷。（　　）

9. 滑动轴承必须润滑，滚动轴承的摩擦阻力小可不用润滑。（　　）

10. 载荷大而受冲击时，宜选用滚子轴承。（　　）

四、简答题

1. 与滑动轴承相比，滚动轴承有哪些优缺点？

2. 什么是滚动轴承的基本代号？它由哪些部分组成？

3. 试说明滚动轴承基本代号 6205、51206 的含义。

第七章　液压传动

§7—1　液压传动的基本概念

一、填空题

1. 液压传动的工作原理是以________作为工作介质，依靠密封容积的________和油液内部________来传递运动和动力。

2. 流量是指________内流过管道或液压缸________的油液体积，通常用 q 表示。

3. 压力是指液体在________上所受到的________的作用力（即物理中的压强），通常用 p 表示。

4. 液压传动系统是由________、________、________和________等液压元件组成的。

5. 油箱是用来________的，并起________、分离油中所含的________和________等作用。

二、单项选择题

1. 液压系统的执行元件是________。

A. 电动机　　B. 液压泵

C. 液压缸　　D. 液压阀

2. 液压传动的特点是________。

A. 传动准确　　B. 不能实现过载保护

C. 工作不平稳　　D. 速度可无级调节

3. 在液压传动系统中，液压泵为________。

A. 动力元件　　B. 执行元件

C. 控制元件　　D. 辅助元件

4. 在液压传动系统中，将机械能转换为液压能的元件为________。

A. 液压泵　　B. 油管

C. 压力控制阀　　D. 液压缸

5. 液压传动的工作介质是________。

A. 油管　　B. 油箱

C. 液压油　　D. 气体

6. 在液压系统中，起过滤油液中的杂质，保证油路畅通作用的辅助元件为________。

A. 过滤器　　B. 油箱

C. 油管　　D. 蓄能器

三、判断题

1. 液压系统可以使执行元件获得严格的传动比。（　　）

2. 液压泵和液压缸在液压系统中是能量转换装置。（　　）

3. 液压缸是液压系统的动力元件。（　　）

4. 油箱只是用来储存和供给系统用油。（　　）

5. 液压系统主要是由动力部分、控制调节部分和执行部分所构成。 (   )

6. 液压系统中的流量与外负载无关。 (   )

7. 液压系统中 p 与外负载无关。 (   )

8. 在无分支管道内流动的液体，截面大时流量大，截面小时流量小。 (   )

9. 在无分支管道内流动的液体，截面大时流速慢，截面小时流速快。 (   )

10. 为使液压缸具有要求的输出功率，液压泵的输出功率应与之相同。 (   )

四、简答题

1. 什么是液压传动？其工作原理是什么？

2. 液压传动系统由哪几部分组成？各部分的典型元件有哪些？

3. 液压传动的特点有哪些？

五、计算题

如题图 7—1 所示，单活塞杆液压缸的活塞直径 $D=$ 100 mm，活塞杆直径 $d=50$ mm，进油压力 $p=4.5$ MPa，进油流量 $q=25$ L/min（注：1 $m^3/s=6\times10^4$ L/min）。求该活塞双向运动时所能克服的阻力 F 和运动速度 v 。

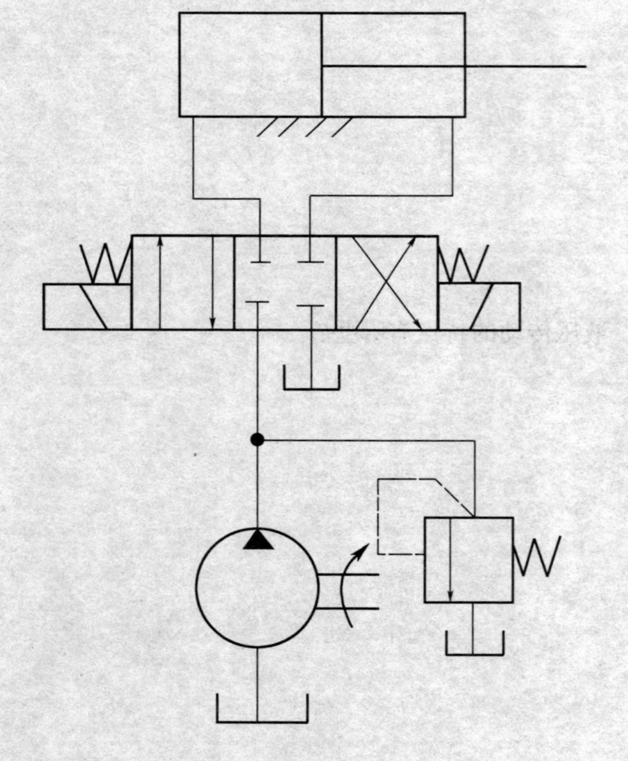

题图　7—1

§7—2　液压元件及应用

一、填空题

1. 液压泵是液压系统中的________元件，按其结构不同分为________、________、________等。

2. 根据使用用途液压控制阀可分为________控制阀、________控制阀、________控制阀三大类。

3. 在液压系统中，用来____________的阀统称为压力控制阀。常用的压力控制阀有________、________、________等。

4. 常用的基本回路按其功能可分为________、________、________等。

二、单项选择题

1. 在题图 7—2 所示系统中，在不考虑损失时，系统的压力大小，取决于________。

A. 泵的输出压力

B. 溢流阀的调定压力

C. 外负载大小

D. 无法确定

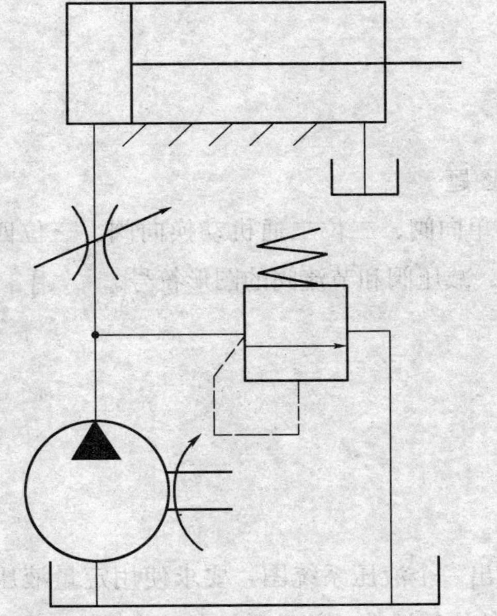

题图 7—2

2. 当液压缸的活塞面积一定时，缸内油液的运动速度取决于________。

A. 缸中油液的压力　　B. 外负载大小

C. 进入缸的油液的流量　　D. 泵的输出流量

3. 能成为双向泵的是________。

A. 齿轮泵　　B. 双作用叶片泵

C. 单作用叶片泵

4. 在下列常见液压泵中，________具有较高的油压。

A. 齿轮泵　　B. 单作用叶片泵

C. 双作用叶片泵　　D. 柱塞泵

5. 溢流阀________。

A. 常态中阀口是常开的

B. 阀芯不随系统压力的变动而移动

C. 进出油口均有压力

D. 工作时可以作为稳压阀

6. 减压阀________。

A. 常态下阀口是常闭的

B. 任何情况下出口压力总是低于进口压力并基本保持恒定

C. 任何时候均可以作为稳压阀

D. 只有在正常工作时，才能作为稳压阀

7. 顺序阀________。

A. 阀芯打开以后，油压可以继续升高

B. 出油口接油箱

C. 内部泄漏可以通过出油口流出

D. 出口压力可以保持恒定

8. 在液压传动系统中，通过改变阀口流通面积大小来调节油液流量的阀为________。

A. 单向阀　　B. 压力控制阀

C. 流量控制阀　　D. 溢流阀

9. 进油节流调速回路________。

A. 回路中有背压

B. 经节流阀而发热的油液不易散热

C. 只用于小功率、负载变化大、高速的场合

D. 活塞的速度稳定性好

三、判断题

1. 泵的功用是将原动机输出的机械能转换为油液的压力能。（　　）

2. 齿轮泵可以为双向泵。（　　）

3. 作用于双作用叶片泵转子上的径向力是相互平衡的。（　　）

4. 作用于单作用叶片泵转子上的径向力是不平衡的。（　　）

5. 单出杆活塞缸活塞杆的面积越大，活塞往复速度差别越小。（　　）

6. 输入油液的油压、流量不变时，作用于单出杆活塞缸活塞两侧的推力相同，但活塞往复运动速度不同。（　　）

7. 压力控制阀一般都是利用油压与弹簧力相平衡的原理工作的。（　　）

8. 减压阀只能控制出口压力，不能控制流量。（　　）

9. 顺序阀是利用不同的调定压力，使阀具有不同的开启时间，以实现动作的顺序完成。（　　）

10. 只用节流阀进行调速，就可使执行元件的运动速度保持稳定。（　　）

11. 锁紧回路不属于方向控制回路。（　　）

12. 回油节流调速回路与进油节流调速回路的调速特征相同。（　　）

四、简答题

简述液压泵的工作原理，并说出液压泵的种类，画出液压泵的图形符号。

五、画图题

1. 画出单向阀、二位二通机动换向阀、三位四通电磁换向阀、溢流阀、减压阀和节流阀的图形符号。

2. 试画出一个液压系统图，要求使用定量液压泵完成双活塞杆液压缸的往复运动，并且要具有过载保护，所选用的液压元件不限。